疑問を拡大していけば仕組みが見えてくる!

ズーミング!
動物園

監修:小宮輝之
協力:那須どうぶつ王国

秀和システム

ズーミング! ってどういうこと?

ズーミング(Zooming)とは英語で、"拡大する"ことを意味します。小さな写真ではわかりにくいことも、大きく拡大すれば見えてくることがあります。本書ではこの手法を使って、動物園や動物、その飼育方法などに対する疑問にズーミングして迫ることで、その仕組みや謎などを解き明かしていきます。

【取材&編集協力】

那須どうぶつ王国

https://nasu-oukoku.com/

栃木県那須町大島1042-1

【取材協力 第2章 No.9】

横浜市立金沢動物園

https://www.hama-midorinokyokai.or.jp/zoo/kanazawa/

神奈川県横浜市金沢区釜利谷東5-15-1

【写真協力 第3章 No.4】

横浜市立よこはま動物園(よこはま動物園ズーラシア)

https://www.hama-midorinokyokai.or.jp/zoo/zoorasia/

神奈川県横浜市旭区上白根町1175番地1

本書の執筆にあたり、那須どうぶつ王国の日橋一昭園長ならびに、那須どうぶつ王国と横浜市金沢動物園のスタッフのみなさまにいろいろとレクチャーしていただきました。あらためてお礼申し上げます。

はじめに

動物の種類や生態を学べる本はたくさんありますが、動物園での実際の取り組みをわかりやすく解説している児童書はあまり目にしません。動物のこと、飼育施設のこと、働いているスタッフのことなどズーミングしながら紹介できたらいいな。子供たちもきっと動物園にもっと興味をもってくれるに違いないと思いました。動物園の新しい役割の１つには滅びそうな希少動物を増やし守る域外保全活動があります。動物の生態にあわせて、動物たちを活き活きと飼わなければならない動物福祉の使命も果たさなければなりません。

この企画にピッタリの動物園として、栃木県那須高原にある那須どうぶつ王国を選びました。新しい動物園として、初めから動物園の新しい役割と使命をテーマにして運営されていたからです。2006年開園当初から園長を務めたのは佐藤哲也さんで、どうぶつ王国の国王と名乗り、夢の動物園王国の建設、運営に邁進してきました。スタッフにはプロとしての意識をもたせ、動物たちの飼育はもちろんのこと、来園者のみなさんに楽しみながら動物たちの生態や人間との関わりなどを伝えられるように心がけ、工夫を凝らしてきたのです。

希少動物の保全ではライチョウの中央アルプスへの野生復帰に貢献しました。スナネコやホッキョクオオカミの日本での初めての繁殖にも成功しています。希少動物保全活動に、来園者も参加できるよう「レストランヤマネコテラス」で提供するのは長崎県対馬のやまねこ米で、売り上げの一部をツシマヤマネコ保全に贈っています。動物たちは広大な敷地や生息地を思わせる環境で活き活きと暮らし、さまざまなパフォーマンスを通じて、その生態にあわせた能力を見せてくれます。保全活動、動物の暮らし、バックヤードでの工夫など王国のすべてをズーミングで紹介します。

2024年３月、園長を18年間にわたり務めてきた佐藤哲也さんが亡くなりました。動物の保全と福祉を目指した佐藤国王の夢を少しずつ実現していた矢先でした。「楽しくなければ動物園ではない」。那須どうぶつ王国は新しい役割や使命を子供たちに伝えることのできる楽しい動物園です。『ズーミング! 動物園』を読まれたみなさんが那須どうぶつ王国や最寄りの動物園に足を運び、同じ地球上で私たち人間が動物たちといっしょに生きていくことの大事さを楽しく学んでくれれば、うれしく思います。

2024年７月　小宮 輝之

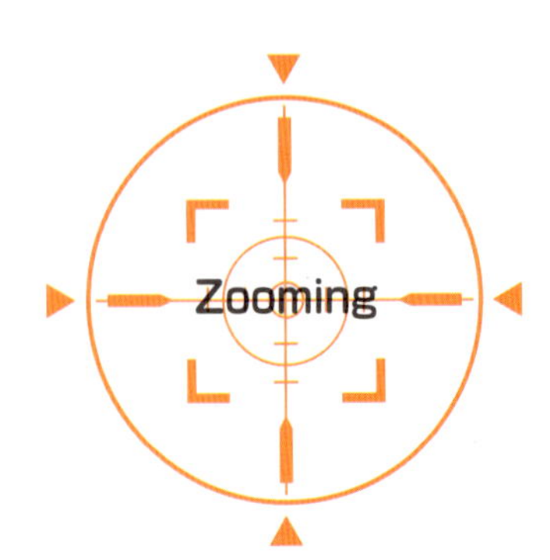

ズーミング！動物園

contents

Zooming

第1章

施設の疑問にズーミング！

12ページ

No.2　行動展示ってなに？

16ページ

No.3　なぜ動物たちを自由にさせているの？

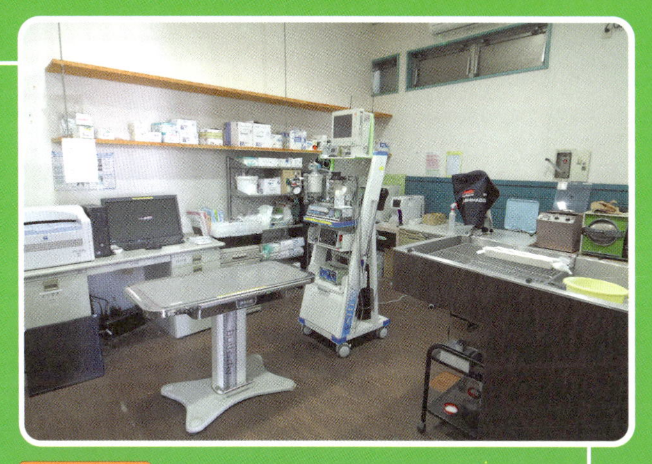

24ページ

No.5　掃除はいつしているの？

28ページ

No.6　動物たちが病気になったらどうするの？

32ページ

No.7　動物園が野生動物のためにできることってなにがあるの？

20ページ

No.4　動物たちが逃げだすことはないの？

8ページ

No.1　動物園にいろいろな動物がいるのはどうして？

施設の疑問にズーミング！ No.1

動物園にいろいろな動物がいるのはどうして？

Zooming

地球上にたくさんの種類の動物がいて、私たち人間とともに生きていることを学ぶためです

日本に「動物園」ができたのは1882年のこと。博物館の付属施設として、東京・上野に「上野動物園」が開園したのです。それから140年あまりで日本は、日本動物園水族館協会に加盟する動物園だけでも89施設ある、世界有数の動物園大国となりました。

では、動物園の役割とはなんでしょうか？　私たちが普段の生活の中で出会える動物の数はかぎられます。でも世界にはもっとたくさんの種類の動物がいて、その生態もさまざまです。また気候変動や森林破壊などにより、絶滅の危機に追い込まれている動物たちもいます。私たち人間も動物の一種ですから、同じ地球上で暮らすほかの動物たちのことを知り、ともに生きていることを学ばなければいけません。動物園はそのための場所なのです。

大型の肉食獣「アムールトラ」

のほほーんとした姿が人気の「カピバラ」

木々の間を歩き回るまっ黒な「ビントロング」

エサを食べるのに夢中な「アメリカビーバー」

大型から小型までさまざまな生き物を飼育している那須どうぶつ王国。約150種600頭以上の生き物がいます

家畜として長く人間を支えてくれている「フタコブラクダ」

すばらしいパフォーマンスを見せてくれる「ハヤブサ」

陸で暮らし、海で狩りをする鳥「ケープペンギン」

たとえば「那須どうぶつ王国」では、生息地の様子を再現した展示であったり、動物の能力を発揮できるパフォーマンスを見せたり、希少動物の繁殖に取り組んだりしています。私たちはこれらを通してさまざまな野生動物の現状を知り、動物の生態を学ぶことができるのです。

貴重な種を次の世代につなぐ

日本最大のフクロウで、国の天然記念物に指定されている「シマフクロウ」。那須どうぶつ王国では「猛禽の森」で展示しています

「アムールトラ」をはじめ、世界で絶滅の危機にある動物たちの保全活動も動物園の大事な役割です

では、動物園にはどれだけの生き物がいるのでしょうか？　日本にはさまざまな大きさの動物園がありますが、たとえば「那須どうぶつ王国」では、約150種600頭以上の動物が飼育されています。「ホッキョクオオカミ」や「アムールトラ」「ジャガー」などの肉食の野生動物をはじめ、「カピバラ」や「マーラ」など放し飼いされている野生動物、海の中で狩りをする「ケープペンギン」や「フンボルトペンギン」「ゴマフアザラシ」「ミナミアメリカオットセイ」、「ハクトウワシ」や「ニホンイヌワシ」「ダルマワシ」などの大型の猛禽類など、実にさまざまな生き物たちがいます。また「アムールトラ」や「ツシマヤマネコ」「ニホンライチョウ」などを絶滅から守

観察や触れあいを通じて動物たちとのつきあい方を学ぶ

かわいい動物たちと触れあえる「ふれあいうさぎ広場」

Zooming

出会った瞬間、思わず触りたくなる、もふもふの毛が特徴の「アンゴラウサギ」

小さくてかわいい「モルモット」。なかにはふれあい練習中の子もいます。こうした動物たちとの触れあいを通して、動物とのつきあい方が学べるのです

るための飼育・研究も行われていて、貴重な種を次の世代につなぐための取り組みも行われています。

野生動物だけでなく、人間のペットや家畜となった「イヌ（イエイヌ）」や「ネコ（イエネコ）」「ウマ」「ヒツジ」などもいて、よく訓練されたイヌとはいっしょにお散歩することもできます。イヌやネコたちがいる「わんにゃんリビング」は来園者に大人気で、土日祝日には入場制限が行われるほど。もふもふの「アンゴラウサギ」や「モルモット」と触れあうことができる「ふれあいうさぎ広場」は、子どもたちであふれています。観察や触れあいなどを通じて、さまざまな生き物たちとのつきあい方を学ぶのが、動物園なのです。

施設の疑問にズーミング！ No.2

行動展示ってなに？

熱帯の森を再現した「熱帯の森」、湿地帯を再現した「ウェットランド」では、行動展示を通して、野生動物本来の習性や動きを見ることができます

「ウェットランド」に入ると、複数のエアコンが設置されています。電気代がどんどん値上がりしている今、施設を維持し続けるのは本当に大変です

野生動物が本来もつ運動能力を引きだす工夫のことです

近年、動物園や水族館では、「行動展示」を意識して施設を作るところが増えています。行動展示とは、野生動物が本来もつ運動能力を引きだす工夫のことです。野生動物本来の習性や動きをありのまま見せることで、その動物に対する理解がより深まるわけです。

「ウェットランド」では自然の木やつる、植物などを使って熱帯の湿地帯を見事に再現しています。これなら「ワオキツネザル」がどういう習性をもつサルで、動きのすばやさなどもよくわかりますね

ワオキツネザルと同じ、木の上での生活を好む「ミナミコアリクイ」。多くの方は、そのすばやい動きにビックリするはずです

那須どうぶつ王国でいえば、「熱帯の森」や「ウェットランド」が行動展示の代表的な施設です。熱帯の森は熱帯の森の中に暮らす動物たちの環境を、ウェットランドは熱帯の湿地帯を、自然の植物を使って再現した施設です。これらの施設では、そこで暮らす動物たちがのびのびと暮らしている様子を見ることができます。

「熱帯の森」で飼育係が与えるエサを必死にほおばる「コモンマーモセット」。動物たちがどうやって食べ物を食べるかを間近で観察して学べるのも、行動展示のメリットの1つです

Zooming

もちろんそのほかの施設でも、行動展示を意識した設計が行われています。「オッタークリーク」では「ユーラシアカワウソ」が再現された小川の中をゆうゆうと泳ぎ、来園者がその姿を見られるように工夫して設計されていますし、「マヌル・アマルハン」では岩場に住む「マヌルネコ」がのびのびと暮らせるよう設計されています。

また動物本来の習性や動きを再現し、ありのままに見せるということでは、大人気パフォーマンスの「ザ・キャッツ」もそうです。ネコ本来の身体能力の高さを、ネコの習性を利用して見事なパフォーマンスで見せています。

ユーラシアカワウソが小川をゆうゆうと泳ぐところをイメージできるように作られた「オッタークリーク」。水の中でのカワウソの動きがガラス越しによくわかります

Zooming

ネコがもつ本来の習性と高い運動能力を学ぶことができるパフォーマンス「ザ・キャッツ」。ネコ派の方はもちろん、イヌ派の方でも夢中になること間違いなしです

昭和の時代、動物をただ檻に閉じ込め、来園者に見せることだけを目的とした動物園がありました。それが今では大きく変わっています。当然、まだまだ工夫する余地はたくさんあります。来園したとき、施設の改良や改修工事でお目当ての動物が見られないことがあっても、それは動物のための工事であることがほとんどです。このことを理解して、工事が終わって展示が再開される日をじっと待ちましょうね。

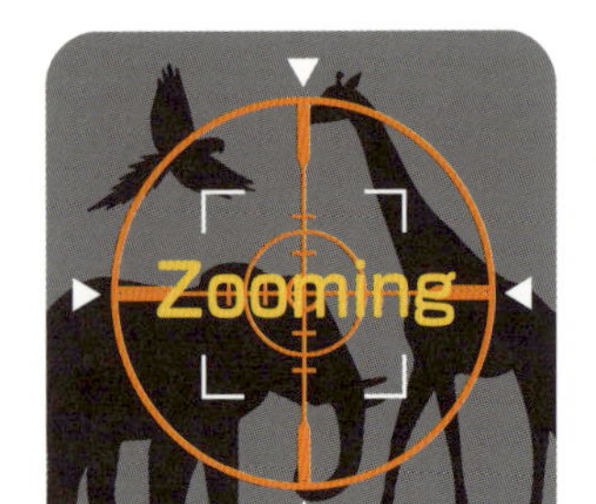

施設の疑問にズーミング！ No.3

なぜ動物たちを自由にさせているの？

たくさんの生き物が自由に動き回っている「熱帯の森」をじっくり見ていきましょう

間近で動物たちを観察することで新しい疑問や発見が増えるからです

動物園では、野生動物たちの生態を間近でじっくりと観察することができます。生息地に似せた施設で、その距離が近ければ近いほど、新しい疑問も増えるというもの。「毎日どうやって過ごしているの？」「どの場所がお気に入り？」「エサはどうやって食べるの？」「寝るときはどんな姿勢なの？」などなど。また同じ施設の中に哺乳類だけでなく、鳥類や魚類などもいて、「ほかの生き物とはケンカしないの？」「エサの奪いあいにはならないの？」など、さらに新しい疑問も増えるでしょう。動物園にもとの生息地に似せた展示があるのは、こうした理由です。それになにより動物たちといっしょは“楽しい”ですよね！　“ワクワク”しますよね！

天井に近いところで発見！

Zooming

木々の上のほうにいたのは「タイハクオウム」。まっしろな羽がとてもキレイです

かなりの確率で来園者を驚かせている「エジプトルーセットオオコウモリ」

歩きながら足元で発見！

Zooming

来園者と同じ通路を歩き回る「アカアシガメ」。踏まないよう、注意が必要です

頭に美しい扇状の羽をもつ「オウギバト」は、来園者にも動じずじっとしていました

那須どうぶつ王国では、「ウェットランド」や「熱帯の森」が生息地に似せた展示施設です。ただ哺乳類や鳥類、魚類にだけ目を向けるのではなく、再現された自然にも目を向け、観察してみましょう。また違う疑問も増えるはずです。

「ウェットランド」もたくさんの生き物を自由に動き回らせている施設です

Zooming

イノシシの仲間の「アカカワイノシシ」。迫力ある姿ですね

ピンクの体がひときわ鮮やかな「ヨーロッパフラミンゴ」

生息地に似せた施設内では動物たちも元気いっぱいで、「ミナミコアリクイ」が木々の間を歩き回ったりと、来園者を驚かせることもしばしば。

野生動物を自由にさせている施設にはほかに「サファリパーク」もあります。車やバスなどで園内を回りながら大型の肉食動物や草食動物を間近で観察できるのが、サファリパークの魅力

Zooming

木々の間を歩き回る「ミナミコアリクイ」は「熱帯の森」でも見ることができます

大きな目とくちばしが特徴の「ヒロハシサギ」。間近で見るとかなりの迫力！

施設内を所狭しとすばやく動き回る「ワオキツネザル」。目で追うのも大変です

です。こうしたさまざまな施設で新しい疑問や発見を重ねていけば、“動物好き”から“動物博士”になれるかもしれませんよ。

施設の疑問にズーミング！ No.4

動物たちが逃げだすことはないの？

世界的な保全活動が進む「アムールトラ」。シベリアトラとも呼ばれるネコ科の最大の動物で、鋭いキバとアゴの力で獲物をしとめます。そのためバックヤード（獣舎）の構造と工夫は並大抵のものではありません

人間が原因のミスさえなければ、動物たちが逃げだすことはありません

動物園には「猛獣」と呼ばれる、エサとなる対象の動物を捕らえて食べる「肉食動物」を飼育しているところもあります。猛獣たちは習性にしたがって生きているだけですが、そうはいっても、万が一、飼育中の園内で事故が起きては大変です。そこで動物園では、猛獣が飼育係を襲ったり、逃げだしたりしないよう、厳格な基準をクリアした飼育施設を設計し、運用ルールにしたがって飼育しています。

Zooming

バックヤード（獣舎）と展示場（放飼場）とをつなぐ仕切り扉は、番号が書かれた鉄板を上下させると開きます。操作する前にかならず錠を開ける必要があり、その際の注意事項も細かく示されています

Zooming

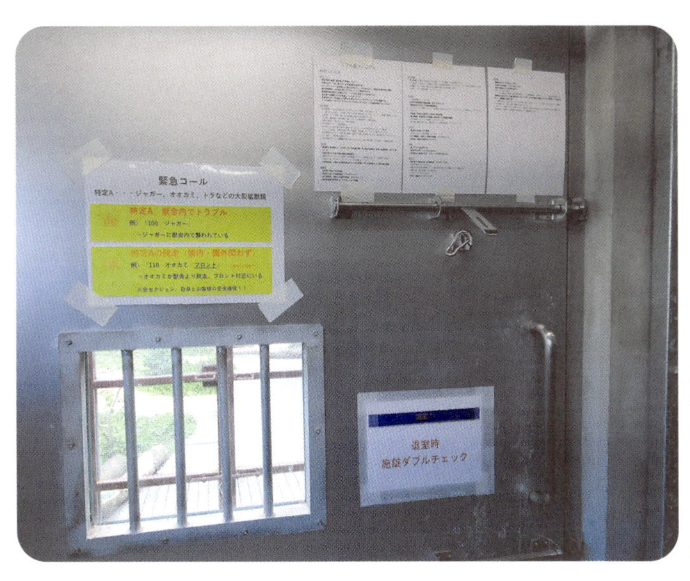

万が一、なにかが起こったときの「緊急コール」の張り紙。バックヤード（獣舎）の室内外や管理事務所、さらにスタッフ専用トイレにもこの張り紙がありました。こうした徹底的な対策と対応が、動物園では常に求められるのです

那須どうぶつ王国の「アムールトラ」の飼育環境を例に、この運用を見てみましょう。

アムールトラの放飼場で特徴的なのは、体温調整ができるように設置された水場と、木や擬岩で作られた日陰です。自然光が降り注ぐ放飼場で日中を過ごし、夕方から翌朝の動物園が開園するまでは獣舎（バックヤード）で過ごします。屋内の獣舎もまた、温度管理ができるよう空調設備が整えられています。重要なのが、屋内外ともにアムールトラの世話をするときはかならず二人体制で行う、ということです。動物園で猛獣に関する事故が起きるときはほとんどが人間のミスによるもので、飼育係はルール厳守を常に意識し、世話をしているのです。

Zooming

Zooming

扉の横には「リス脱走注意!」の看板が! 「ニホンリス」はとても小さいので、扉のすき間から脱走する可能性もあります

閉じてから開ける

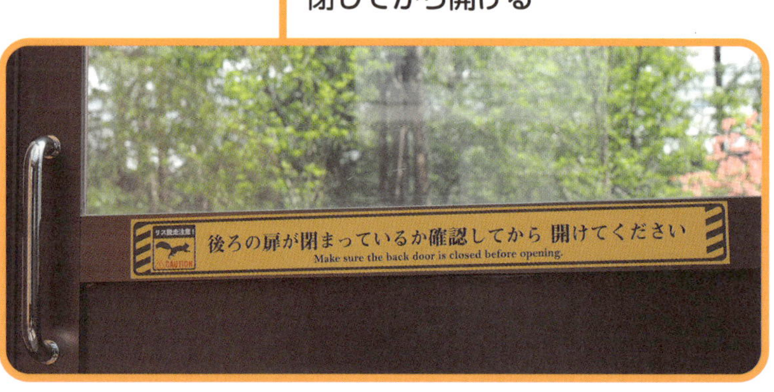

リスたちの脱走を防ぐために扉を二重にしたり、リスが出入り口付近に行かないよう工夫していますが、来園者のマナーも大切です

Zooming

木の上など高いところでリスたちが遊んで楽しめるように工夫されている「リスの森」。こうした工夫は動物たちの習性を理解したうえで施されているので、工夫を知ることは動物を知ることにもなるのです

エサをほおばる
ニホンリスたち

来園者の不注意で動物たちが逃げだしてしまう危険性もあります。那須どうぶつ王国の「リスの森」には「ニホンリス」たちが放し飼いされていて、来園者はその愛らしい姿を間近で見ることができるようになっていますが、入口や出口の扉が開け放たれていると、リスたちが脱走してしまいます。もちろん脱走を防ぐために入口も出口も扉は二重になっていますが、ニホンリスは小さいので、ほんの少しのすき間があればそこから脱走してしまうのです。動物たちの身を守るためには、動物園側の工夫だけでなく、来園する側のマナーも大事であることを覚えておいてくださいね。

施設の疑問にズーミング！ No.5

掃除はいつしているの？

「カピバラの森」でカピバラやマーラのエサやり体験ができる時間帯は、大勢の来園者でにぎわいます

汚れたと思ったら、すぐに掃除（清掃）をしてキレイにします

動物が飼育されている場所の掃除（清掃）は、飼育係の重要な作業の１つです。猛獣以外の動物の飼育場では、動物たちのじゃまにならないようタイミングを見計らってすばやく清掃しています。適切な換気、清掃、洗浄、消毒、滅菌は、動物たちの健康維持のためにとても重要な作業なので、飼育係はこのことに常に気を配り、実施しています。

那須どうぶつ王国では、カピバラやマーラのエサやり体験ができる「カピバラの森」でこれを実感することができます。エサやり体験の時間は決まっているので、その前にかならず清掃に入ります。これは「人と動物の共通感染症」を防ぐ目的もあります。

人と動物の共通感染症とは、動物から人間へ、人間から動物へ感染する病気のことです。

カピバラのエサやり体験の様子。来園者やカピバラ、マーラが歩くところはどこもキレイでした。掃除が行き届いている証拠です

Zooming

水辺でカピバラのウンチを発見。近くにいたカピバラの顔が少しゆるんでいたように思えましたが、おそらく気のせいでしょう

2002年には関西にある鳥類展示施設でオウム病が発生し、飼育係や来園者に感染する事態が起こりました。狂犬病や鳥インフルエンザもこうした感染症の１つですし、近年では室内で飼っているペットから感染する事例も増えています。

カピバラの森ではエサやり体験ができることもあって、人間と動物たちとの距離がきわめて近くなります。こうした場所をキレイに清掃することは、来園者と動物たちの双方を守るために、とても重要なことなのです。

スナネコは、「保全の森」内の展示スペースで飼育されています

Zooming

かわいい顔立ちのスナネコですが、野生動物なのでイエネコのように人間に懐くことはありません。スナネコと飼育係の安全を確保するため、清掃をするときはバックヤードに行ってもらう必要があります

Zooming

なにかを感じたのか、バックヤードへの扉が開くのを今か今かと待つスナネコ

「保全の森」で飼育されている「スナネコ」の飼育施設の清掃についても見てみましょう。スナネコはその名のとおりネコ科の動物で、中東や北アフリカに生息していますが、そのかわいい顔立ちからペットとしての需要が高まることにより、生息数に影響があることが心配されています。ネコであっても、ペットのネコ（イエネコ）とは違って気性が荒く、人間に懐くことはありません。

イエネコだと、家の中を掃除している最中、どこにいようとあまり気にしなくてすみますが、

汚れたら掃除するを繰り返し、キレイな展示スペースを保ち続けます

野生動物のスナネコの場合はそうもいきません。展示スペース内を清掃するには、スナネコと飼育係の安全を確保するため、スナネコをいったんバックヤード（獣舎）に誘導する必要があります。那須どうぶつ王国では日頃のトレーニングにより、鈴を鳴らすとスナネコはバックヤードに行きます。スナネコがバックヤードに行くと、飼育係が展示スペース内の清掃をテキパキと進め、ほうきとちりとりを使って汚れたワラなどを集め、ガラスを次々とふいていきます。スナネコの足場の木や崖を再現した壁なども清掃していき、キレイになった展示スペースにまたスナネコが戻され、来園者をまた喜ばせてくれるのです。

施設の疑問にズーミング！ No.6

動物たちが病気になったらどうするの？

那須どうぶつ王国専用の動物病院

動物園の中の動物病院で治療したり、獣医が施設に出向いて治療したりします

熱がでて寝込んだり、ひどいケガをしたら、家族の誰かが病院に連れて行ってくれますよね。またイヌやネコ、鳥などのペットを飼っている家庭では、調子が悪かったら家族で動物病院に連れて行ったこともあるかと思います。では、動物園で飼育されている動物たちが病気になったらどうするのでしょうか？　最寄りの動物病院に車で運び込むのでしょうか？　それとも動物病院から獣医を呼ぶのでしょうか？

動物園の規模にもよりますが、600頭以上の動物を飼育している那須どうぶつ王国の場合は、動物園の敷地の中に動物病院があって、そこで3人の獣医がすべての動物たちの健康を管理しています。

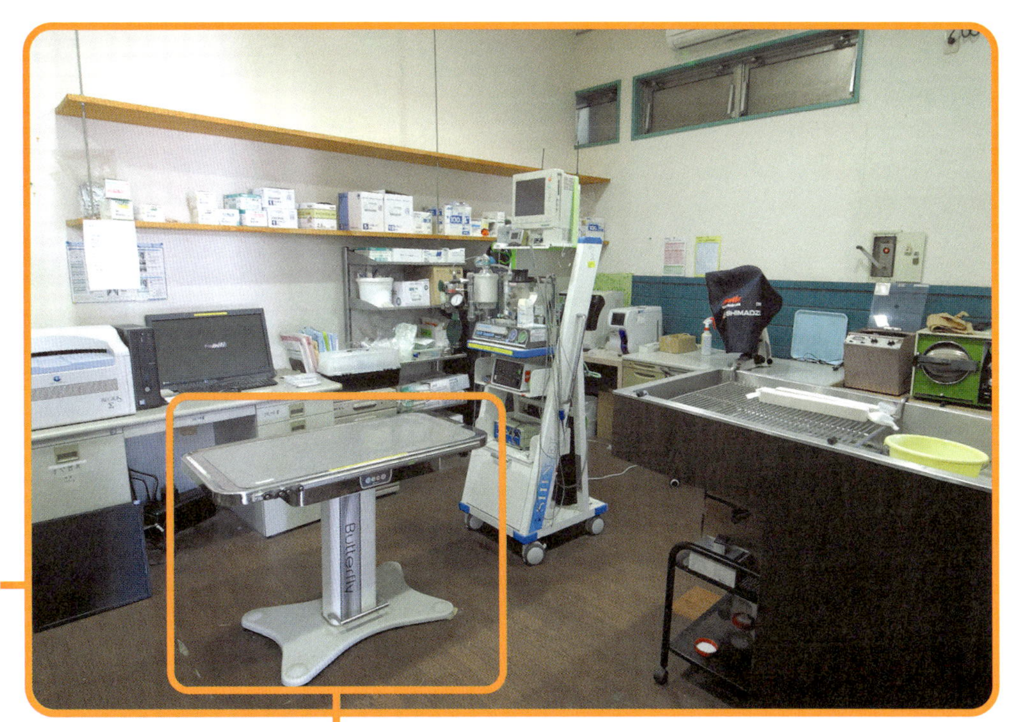

Zooming

動物病院内の診察室の様子。動物病院の診察室を見たことがある方は、そのときの様子を思いだして比べてみましょう

Zooming

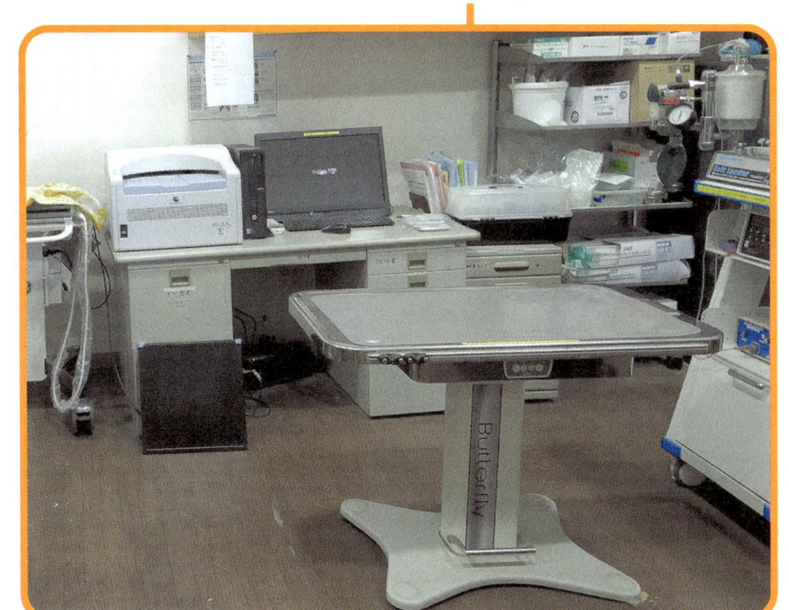

調子の悪い小さな動物を診察・治療するための診察台。大きな動物は各施設に出向いて診察・治療を行います

動物病院には動物の診察や治療、手術などに使うさまざまな検査機器、診察台、動物たちの健康状態を管理するためのパソコンなどが設置され、棚には症状に応じて与えられる薬が整理されて並べられていました。動物園で飼育されている小さな動物たちの調子が少しでも悪いようならここに運び込まれ、診察や治療、手術などを行い、そのあとは飼育施設に戻され、獣医と飼育係が体調の回復を見守ります。

Zooming

Zooming

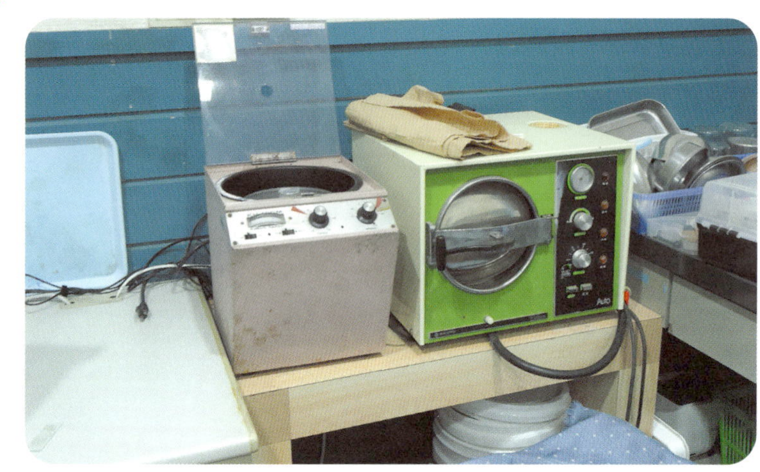

診察室では診察台のほかに、検査や治療、診断などに使うさまざまな機器や道具が所狭しと設置されています

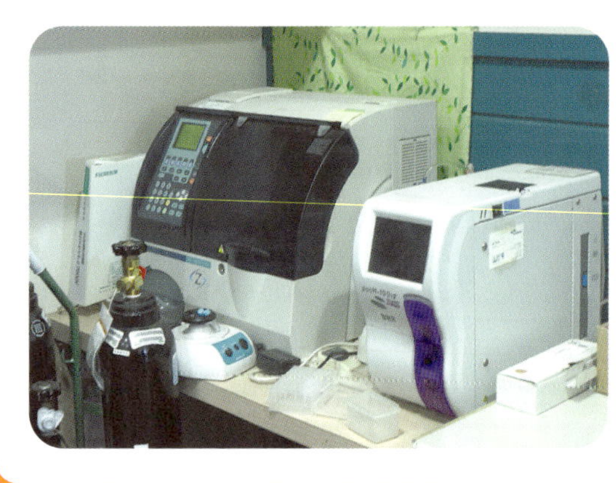

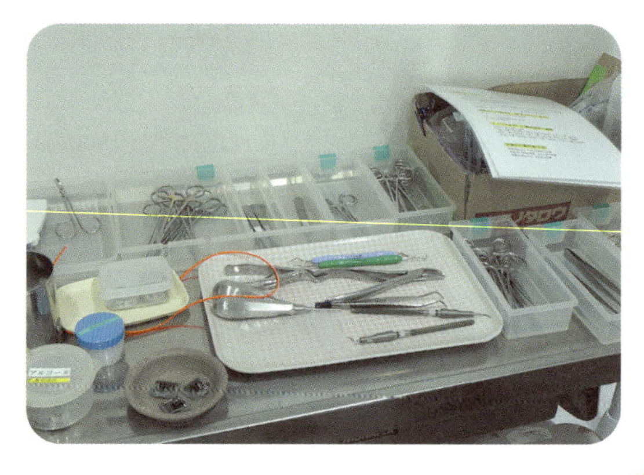

なお、常に3人の獣医が待機しているわけではなく、シフトを組んで動物たちの診察や治療にあたります。大きな手術の場合は、複数人で対応する場合もあるそうです。

では、大きな動物の場合はどうするのでしょうか？　那須どうぶつ王国には「フタコブラクダ」や「トナカイ」など、動物病院に入ることができない大型の動物も数多く飼育されています。こうした動物が体調を崩したり病気になった場合は、獣医がその飼育施設に出向いて、診察や治療を行います。

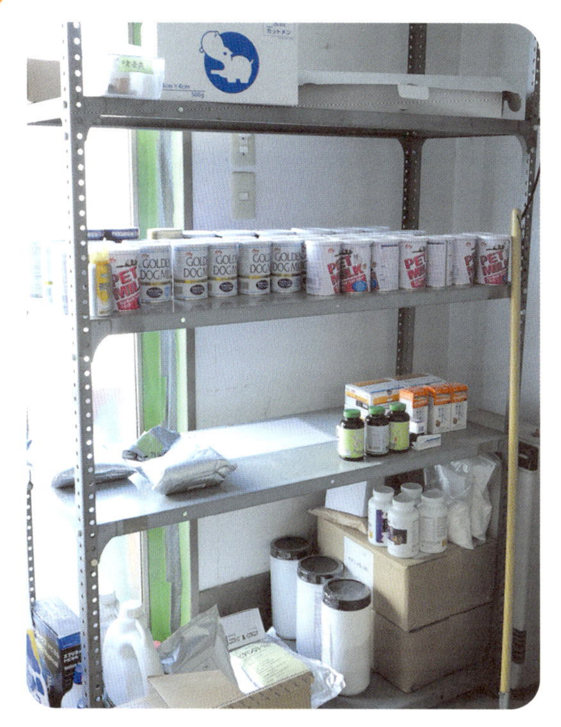

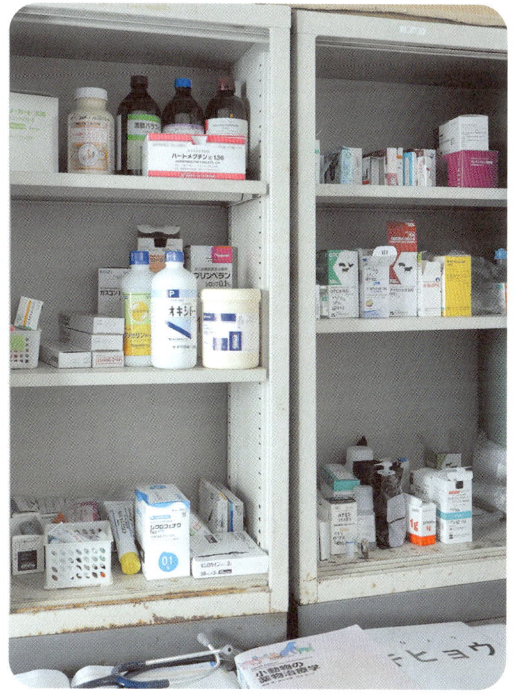

診察室の手前の部屋には治療のためのさまざまな薬やサプリメントが置かれ、また治療と日々の勉強に役立つたくさんの本が並んでいます

大きな動物園の獣医はとても大変です。那須どうぶつ王国の場合、小型のリスや鳥から大型の野生動物まで、約150種いるさまざまな動物の病気やケガなどに対応しなければならないのです。動物が病気で死んだりしたら、なにが原因だったのかを調べ、報告書にまとめるのも獣医の仕事です。このため検査や治療を必要とする動物がいないときは、新たな知識を得るために勉強しているのだとか。動物園の動物たちが健康な状態で私たちの前に姿を見せてくれる裏には、獣医たちの献身的な働きがあることを覚えておきましょう。

施設の疑問にズーミング！ No.7

動物園が野生動物のために できることってなにがあるの？

野生動物やその生息地を守るために さまざまな取り組みが行われています

動物園にはさまざまな役割ありますが、特に重要なのが次の４つです。

動物園の役割

(1) 教育・環境教育：野生動物たちがどのような環境で生きているのか、動物たちを守るためにはどのような行動をしたらいいかを知る
(2) レクリエーション：勉強や仕事、家事などでたまった日常の疲れを癒しながら、動物たちを通して命の大切さと生きることのすばらしさを学ぶ
(3) 種の保存：野生動物たちが絶滅しないよう飼育や繁殖を行い、種を守っていく
(4) 調査・研究：飼育で得た知識・経験をためていき、種の保存や野生動物の保全に役立てる

2024年、世界の人口は81億人を突破しました。人間の社会は広がりましたが、そのぶん野生動物たちの生息地はどんどん減っています。地球上には約800万種の生物が生息していますが、そのうち約100万種が人間によって絶滅の危機にさらされていると、2019年に国連（国際連合）が警告しているのです。そうならないよう野生動物たちの生息地を、種の未来を守っていかなければいけません。

Zooming

Zooming

ボルネオ島を代表する野生動物のボルネオオランウータンの写真が使われている「ボルネオへの恩返しプロジェクト」の案内板

案内版の近くには自動販売機が設置されていて、飲み物を買うと利益の一部がボルネオの支援にまわされるという仕組みになっています

では、具体的に私たちになにができるのでしょうか？　たとえば那須どうぶつ王国では、マレーシアのボルネオに生息する野生動物の保護や技術支援などを行うための「ボルネオ保全プロジェクト」に取り組んでいます。ボルネオは「ボルネオオランウータン」をはじめとして貴重な野生動物が多数生息している島です。このボルネオオランウータンが写った「ボルネオへの恩返しプロジェクト」の案内板の側には自動販売機が設置されています。この自動販売機で飲み物を買うと利益の一部がボルネオ恩返しプロジェクトの支援金になるのです。のどの乾きを癒しつつ、野生動物たちの支援もできる、という取り組みです。

Zooming

ショップのオリジナルエコバッグやレジ袋も、その利益の一部が野生動物の支援に使われます

ショップで販売されている「ジャガーコーヒー」は、王国内の「ウエットランド」で飼育されているコスタリカ生息の絶滅危惧種「ジャガー」を保護するために立ち上げられたプロジェクトの商品です

こうした野生動物を守るために売り上げの一部を支援にまわすという取り組みは、那須どうぶつ王国のなかでいくつも見ることができます。ショップでは、エコバッグ、レジ袋、ジャガーコーヒーなどがそうです。またレストラン「ヤマネコテラス」では、長崎県対馬にだけ生息する「ツシマヤマネコ」を守ろうと、エサ場となる田んぼの保全を目的として、佐護ヤマネコ稲作研究会が生産する「ツシマヤマネコ米」を使った料理を提供しています。ランチをおいしく残さず

レストラン「ヤマネコテラス」では、ツシマヤマネコの生息環境を守るための取り組みが行われています。レストランで提供されるごはんのお米は「ツシマヤマネコ米」で、ごはんを残さずおいしく食べることが支援につながるというわけです

ツシマヤマネコ米の米粉パンを使った
数量限定の「ヤマネコランチ」

食べることが、ツシマヤマネコの生息環境を守ることにつながるというわけです。

日々の生活のなかでも、ゴミをしっかり分別する（＝環境破壊を防ぐ）、ごはんを残さず食べる工夫をする（＝食品ロスを防ぐ）など、できることはたくさんありますが、動物園でのこうした取り組みを知り、野生動物を守る手助けができることも覚えておくとよいでしょう。

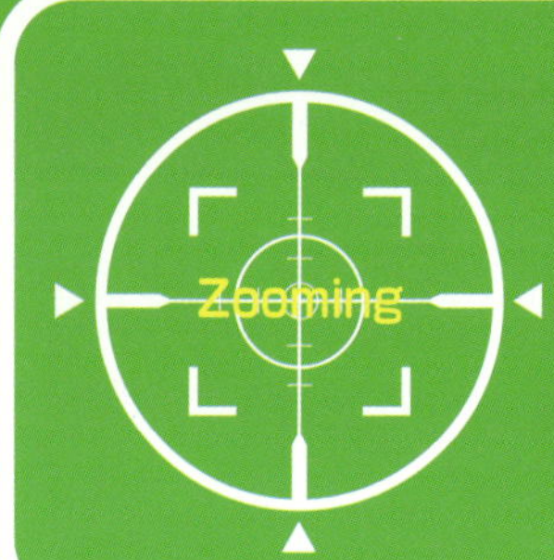

第2章
飼育の疑問にズーミング！

52ページ

No.4　動物たちの健康管理はどうしているの？

40ページ

No.1　動物たちは世話をしてくれる飼育係に懐くの？

64ページ
No.7　動物が暴れだしたら
どうするの？
カピバラの森
メンバー紹介
48ページ
No.3　動物の名前はどうやって覚えているの？

60ページ

No.6　動物たちのエサは
どうしているの？

56ページ

No.5　動物を長生きさせる
工夫はあるの？

72ページ　No.9　動物たちがしたウンチはどうするの？

68ページ
No.8　世話の最中に攻撃されることはないの？

44ページ
No.2　どうやって担当の動物を決めているの？

飼育の疑問にズーミング！ No.1

動物たちは世話をしてくれる飼育係に懐くの？

「フリッパーズ」で見事なパフォーマンスを披露してくれる「ミナミアメリカオットセイ」の訓練の様子

人間に懐いているのではなく、人間を観察しているのかもしれません

ペットのイヌやネコ、インコなどは人間に懐くといわれます。“懐く”の定義は専門家によっても意見が分かれるところですが、生まれてすぐに飼育し始めたり、長年、同じ家の中で過ごすことで、たんなる人間と動物の関係以上のものが築かれているのは事実でしょう。

さて動物園で飼育されている動物には、「野生由来」の個体、「動物園生まれ」の個体、さらに「人工哺育」の個体がいます。生まれ育った環境も、それぞれ違います。

オットセイやアザラシなどの海獣と呼ばれる動物は知能が高く、さまざまなパフォーマンスを覚えてくれます

飼育係によく懐いて訓練を受けているように思われるかもしれませんが、そうではありません。それでも本当に仲がいいように見えますよね

動物の行動を研究し、その行動の理解を進める「動物行動学」という学問があります。この動物行動学の専門家の研究によると、動物園で飼育されている動物の多くは、来園者に対して興味を示して喜んでいる動物と、そうでない動物の２通りに分かれるそうです。この喜んでいる動作が飼育係に向けられたとき、懐いているように見えるのかもしれません。

人の手で育てられた「ケープペンギン」の個体の1羽。飼育係に連れてこられても逃げだしたりせず、エサを食べてくれます

動物園生まれの個体が、飼育係に“慣れる”ことはあります。慣れるとは人間に対し警戒心を抱かなくなる（または警戒心が弱くなる）ことで、上で紹介している「ケープペンギン」の例もその1つです。ただどんな由来の個体であっても、動物である以上、人間に懐くことがないことは知っておくべきでしょう。

私たちはさまざまな動物を観察するために、動物園を訪れます。動物もまた、人間に慣れて、獣舎の向こうから観察しているのかもしれませんよ。

親が育てた個体だと、飼育係に連れてこられても不安からか、すぐ離れてしまい……

Zooming

親に育てられた個体の場合

仲間のもとに帰ろうと、柵の側まで戻ってしまいました。同じケープペンギンでも、育った環境によってこれだけ差がでます

飼育の疑問にズーミング！ No.2

どうやって担当の動物を決めているの？

高いコミュニケーション能力をもつ人材を採用し、個々の適性を見ながら決めていきます

この本を読んでいる子供たちのなかには将来、「動物園で働きたい！」と考えている方もきっといることでしょう。その理由として、「好きな動物がいるから！」と答える方もいるかと思います。

では、動物園ではどうやって担当の動物を決めているのでしょうか？

那須どうぶつ王国の飼育係は、大勢の来園者の前で動物の魅力を伝えるパフォーマンスを行います。写真は「スカイスタジアム」で開催されるパフォーマンス「BROAD（ブロード）」の様子

パフォーマンスに来園者が参加できることも。緊張を解き、ともに笑顔で演技を終えるには、高いコミュニケーション能力が必要です

那須どうぶつ王国は民営の動物園で、採用試験さえ突破すれば飼育係になることはできます。ただ誰よりも動物の知識をもっていたとしても合格できるとはかぎりません。那須どうぶつ王国の採用試験では、高いコミュニケーション能力をもっていることがもっとも重要視されるからです。

ネコが本来もつ能力を活かして繰り広げられる「ザ・キャッツ」。会場中の視線が飼育係にそそがれますが、ネコとともにプロとしてのパフォーマンスを披露します

「飼育係にコミュニケーション能力？」と思われる方もいるかもしれませんが、那須どうぶつ王国を訪れたことがある方ならきっと、なぜかを理解できることでしょう。ネコたちが繰り広げる「ザ・キャッツ」では、大勢の来園者の前でネコたちと飼育係が堂々としたパフォーマンスを繰り広げてくれます。ネコたちを飼育し、見事なパフォーマンスへと導くには、相当な忍耐力、そしてうまくいかなかった場合はさりげなくフォローして来園者を笑わせるトーク力などが不可欠です。

ネコたちはときに少しだけもたつくこともありますが、そのときは飼育係が絶妙なトークで間をもたせ、来園者の気持ちをつなぎます。コミュニケーション能力の高さが特に求められる瞬間です

経験豊富な飼育係の指導のもと、若い飼育係が日々努力し、プロとして自分の役割を果たしています。その姿勢を大いに学びましょう

パフォーマンスだけではありません。園内の各施設では、来園者からさまざまな質問をされます。その質問に的確に、笑顔で答える知識と能力を、飼育係の誰もがもっていなければいけません。そのうえで、飼育係個人の適性を見ながら、どの動物を担当させるかを決めるのだとか。

将来、飼育係を目指すのであれば、「人前にでるのは苦手」「好きな動物の世話だけしていたい！」では通用しないことを忘れずに、まずは周りの人とのコミュニケーションを深めることから始めましょう。

飼育の疑問にズーミング！ No.3

動物の名前は どうやって覚えているの？

顔や模様などの少しの違いから 動物たちを見分け、名前を覚えます

動物園にはたくさんの動物がいますが、名前がついている動物もいれば、ついていない動物もいます。たとえば那須どうぶつ王国の「カピバラの森」にはのほほ〜んとした姿が子供から大人まで大人気の「カピバラ」と、夫婦仲がよい動物として知られる「マーラ」が放し飼いされていて、来園者は間近で観察したり、餌やりを楽しんでいます。

このカピバラとマーラたちには個別の名前がつけられていて、たとえばマーラのメンバー紹介の掲示板では、名前と誕生日を写真に添えて紹介しています。ここで写真をよく見てください。

飼育係以外の人が見てもわかるように那須どうぶつ王国では識別のために、毛の一部をカットしています。名前の横の（　）はカットの位置を示したもので、ここで見分けます

Zooming

カピバラと比べると、マーラは個々の模様に違いがあり、写真と照らし合わせれば見分けることが可能です。ちなみにカピバラとマーラは、動物の分類上では同じテンジクネズミ科に属するネズミの仲間です。見た目からではとてもそう思えませんよね。

Zooming

胸元の模様からこのマーラは、「レーズン」であることがわかります。飼育係はこうした違いを把握し、個々の名前を覚えていくのです

首の下の模様に違いがあるのがわかりますよね。この模様から写真のマーラが、「レーズン」であることがわかります。飼育係はこうしたほんの少しの違いを把握し、個々の名前を覚えていくのです。

フタユビナマケモノがいる熱帯の森では、「ルリコンゴウインコ」や「コモンマーモセット」などに会うこともできます

動物たちの名前は、飼育係が名づけ親になることもあれば、一般公募で決めることもあります。那須どうぶつ王国で2024年1月に「フタユビナマケモノ」の赤ちゃんが生まれたときは、子供たちから名前（愛称）を募りました。春休み期間中に訪れた小学生以下の子供たちから約2600通の応募があり、もっとも多かった「ふく」に決まったのだとか。子供たちがつけてくれた名前、とてもステキですよね。

Zooming

お母さんのお腹にしがみつく、フタユビナマケモノの赤ちゃん。この赤ちゃんは2024年1月に生まれ、順調に成長したことから、3月から一般公開されています

「ふく」は「熱帯の森」で会うことができますが、ここではフタユビナマケモノを含め約15種類もの動物たちが飼育されています。お気に入りの動物が見つかって、その名前が知りたくなったら、近くにいる飼育係に聞いてみてくださいね。

飼育の疑問にズーミング！ No.4

動物たちの健康管理はどうしているの？

ゴマフアザラシはアニメにもなったマンガ『少年アシベ』の「ゴマちゃん」のモデルになった動物です

動物によって健康管理の方法はまちまちですが、ゴマフアザラシはハズバンダリートレーニングを行い、健康管理します

病気にならないよう、飼育係が日々、体を調べ、体重管理しています

動物園で飼育されている動物たちの健康管理は、飼育係が日々行っています。病気になれば獣医が診察・治療を行いますが、そうならないように飼育係が動物たちを見て、触って、健康であるかどうかチェックしているのです。オシッコやウンチの状態も当然、チェックの対象です。イヌやネコなどのペットを飼っている家でも、これは同じですよね。

ゴマフアザラシに仰向けになってもらえば、お腹のぐあいも簡単に調べられます

Zooming

Zooming

Zooming

ヒレ状の足をチェックし、爪の状態もチェック。手の爪に指を当てているのは、本番の爪切りに慣れさせるためです

ただ、ペットでは飼育に役立つ本やサイトが数多くあり、また同じペットを飼っている人から話を聞くことができますが、野生動物の場合はそう簡単ではありません。これまでの飼育データと、なにより飼育係の経験があって、動物たちの健康が維持できるのです。

ではここから那須どうぶつ王国の「ペンギンビレッジ」で飼育されている「ゴマフアザラシ」を例に、健康管理のやり方を見ていきましょう。

ゴマフアザラシはアザラシの仲間で、日本のさまざまな動物園や水族館で飼育されています。また「ハズバンダリートレーニング」という、動物にも協力してもらいながら世話や訓練、健康管理を行うやり方についてきてくれます。たとえば普段見えないお腹の状態は、ゴマフアザラシに協力してもらい、仰向けになってチェックさせてもらいます。ヒレ状になっている足、足の先にある爪の状態も、協力してもらえればとても簡単です。

歯に欠けがないか、口の中に異常がないかを見つけるためのトレーニング中です

これも本番の目薬に慣れさせるためのトレーニング。容器の中は薬ではなく、塩水です

またメスでは妊娠しているかどうかの検査も行いますが、それを調べるためのエコー検査の練習なども、ハズバンダリートレーニングで行うそうです。突然の検査だと、ゴマフアザラシがビックリしてしまいます。しかしあらかじめ慣れておけば、妊娠したときの検査がスムーズに行えるようになるのだとか。

爪切りも同じで、道具を持たない状態で手を当てたりして練習をします。そうすれば、いざ爪切りのときに問題なく行うことができます。

体重測定は特に重要な健康管理の1つ。体重計を用意し、ハズバンダリートレーニングでゴマフアザラシに乗ってもらいます

見事、体重を測ることができました。107.9kgと、なかなか立派な巨体ですね

Zooming

ゴマフアザラシは中型のアザラシですが、それでも体重が100kgを超える個体もいます。飼育係が簡単に持ち上げられる重さではありません。でも、大丈夫。ゴマフアザラシに協力してもらえれば、体重測定も簡単です。

このハズバンダリートレーニングのかいあって、那須どうぶつ王国のゴマフアザラシは大きな病気にならず、健康を維持できているそうです。毎日の積み重ねって、やはりとても重要なんですね。

飼育の疑問にズーミング！ No.5

動物を長生きさせる工夫はあるの？

飼育係の健康管理はもとより、ウマが元気よく走り回れる飼育場があることも長生きにはとても重要です

エサをやるときに工夫したり、ストレスがたまらないようにしています

動物園では飼育している動物たちに少しでも長生きしてもらおうと、愛情をこめて世話をしています。動物のことを解説した本やサイトで、「野生下では○○年、飼育下では○○年」などと書かれているのを見たことはありませんか？　これは野生の中では何年ぐらい生きられて、動物園や水族館などの飼育された状態だと何年ぐらい生きられるかの目安を示したものです。飼育下では天敵に襲われる心配はありませんし、病気になったら獣医が診察し、薬を与え、必要なら手術をして治療してくれます。

とはいえ長生きすればするほど、噛む力は弱くなりますし、動きもゆっくりになります。ほか

「どさんこ広場」で会える「どさんこ」。どさんこは北海道産のウマの品種で、体高は125～135cmぐらい。飼育係の女性と比べてみるとサイズのイメージがつくかも

那須どうぶつ王国での引き馬体験の様子。ウマたちの健康が維持できているからこそ、子供たちに得がたい体験をさせてあげられるのです

の仲間といっしょに行動しようとしても、ついていけないこともあるでしょう。おじいちゃんやおばあちゃんが、ときに家族のサポートを必要とするように、飼育係が年老いた動物たちの生活をサポートしてあげる必要があるのです。

那須どうぶつ王国の「ホースコーナー」や「どさんこ広場」にはたくさんのウマがいます。ウマたちは年をとると歯がすり減ってくるので、食べるのに時間がかかるようになります。口からエサがこぼれてしまうこともあるとか。このためエサをふやかしたり、少しずつ分けてあげたりして工夫しているそうです。

Zooming

「ホースコーナー」では同じ柵にすべてのウマを入れるのではなく、ウマの年齢や相性などを考えて分けて入れています。エサの取りあいでケンカをしないようにするためです

また「ホースコーナー」ではエサやりを体験することができますが、若くて強いウマと年をとったウマをいっしょの柵に入れてしまうと、年をとったウマは追いやられてエサを食べられないことがあるそうです。このため若くて強いウマだけを１つの柵に入れたりして、すべてのウマがエサを食べられるように工夫しています。また仲の悪いウマ同士だとケンカすることもあるので、相性の見極めも大事だとか。仲のいいウマ同士だと、ケンカをせずに仲よくエサを食べてくれるでしょうから、ストレスもたまらないですしね。

ウマのエサやり体験の様子。スコップにのせたエサを見るつぶらな瞳のウマにいやされますね

動物園や水族館では今、飼育個体の「QOL（生活の質）」の向上に取り組んでいます。動物たちが最後まで快適に暮らせるよう、個体ごとに年齢にみあったエサや運動量、生活環境を整え、獣医と飼育係が連携して飼育しているのです。QOLの向上で、動物たちの国内最高齢記録が更新されていくことを見守っていきましょう。

飼育の疑問にズーミング！ No.6

動物たちのエサはどうしているの？

那須どうぶつ王国の面積は東京ドーム約10個分あり、広大な敷地内では牧草がよく育ちます。牧草を食べる草食動物たちにはまさに天国ですね

エサを購入するだけでなく、自生している木の葉などを与えたりもしています

動物園で飼育されている動物たちは、どんなものを食べているのでしょうか？　たとえば草食動物の「ウマ」や「ヒツジ」などは、屋外飼育場で草を食べているところを観察することができます。そのほかにも草食動物専用ペレット（固形飼料）や果物などを与えることもあります。肉食動物では馬肉やササミ、肉食動物専用ペレットを与えることもあります。いずれも当日、動物たちの体調を見ながら、飼育係が量の調整をしているそうです。こうした調整には、飼育係が長年にわたり蓄積してきた経験が活きてきます。

「アルパカの丘」で牧草をついばむアルパカたち。牧草をある程度食べつくしたら放牧する場所を変えたりするそうです

Zooming

「ライドパーク」では敷地内に自生している木の葉を車で運び込み、フタコブラクダに与えています

Zooming

動物のエサ（飼料）は、動物の健康管理や飼育下での繁殖に影響があることが長年の研究からわかっています。このため那須どうぶつ王国でも、飼育係が毎日動物を観察し、適切なエサを、適切な量、与えています。エサは外部の業者から購入することが多いものの、那須どうぶつ王国では草食動物に、敷地内に自生している木の葉を与えることもあります。広大な敷地がある那須どうぶつ王国ならではのメリットを活かした工夫といえますね。

「ホースコーナー」でのエサやり体験の様子。ウマたちにはエサやり専用のスコップを使って、おやつの野菜を食べさせます

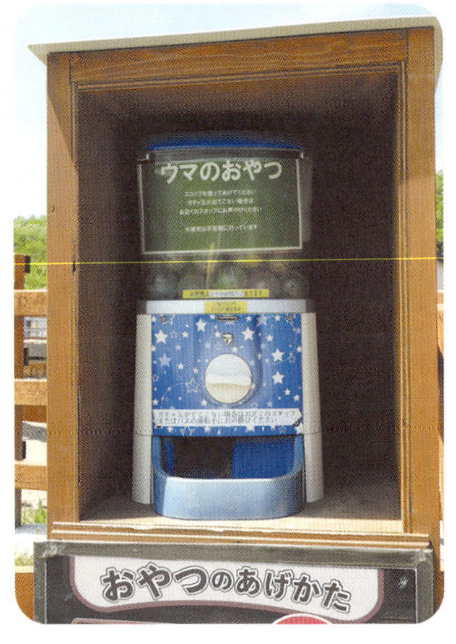

固形のおやつはガチャガチャで買うことができます。楽しみながらエサやり体験できるのがいいですね

「ウェットランド」や「ヒツジファーム」「ホースコーナー」「猛禽の森」などで行われているエサやり（給餌）体験も、工夫の1つ。動物たちがエサを食べる姿を間近で観察し、触れあうことが100円からできるとあって、来園者と動物たちの双方にメリットのあるものになっています。一部のエサが子供たちが喜ぶガチャガチャで買うことができるのも、工夫といえるでしょう。

「オッタークリーク」でのエサやり体験の様子。コツメカワウソがかわいすぎるのか、子供たちが競うようにエサやりしていました

間近でエサやり体験できる「カピバラの森」。葉っぱがどんどんなくなっていき、飼育係が補充に追われていました

「猛禽の森」ではアンデスコンドルのエサやり体験が大人気。日本には生息していないコンドルを間近で見て、エサやり体験できることから、子供から大人までが列を作って並びます

エサやり体験で与えることのできるエサ（おやつ）の量はしっかりと管理されています。このためエサやり体験が原因で動物たちがお腹を壊すことはないとのこと。これなら安心してエサやり体験ができますね。

飼育の疑問にズーミング！ No.7

動物が暴れだしたらどうするの？

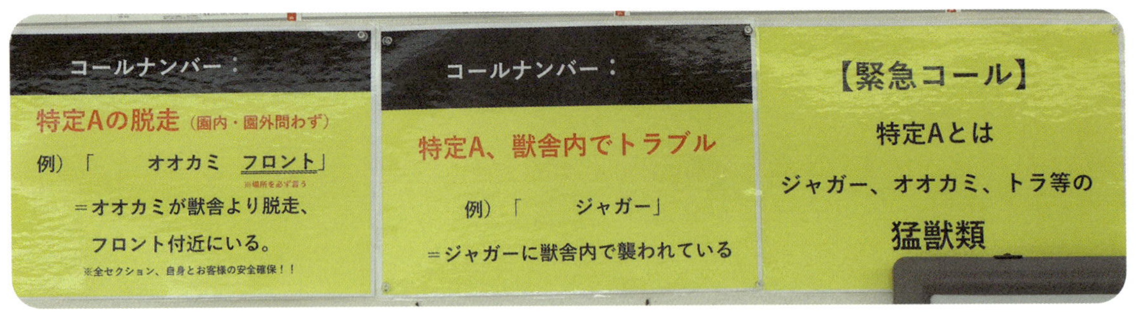

那須どうぶつ王国で働くすべての人が万が一の事態にすぐ対応できるよう、緊急時対応の張り紙が各所に貼られていて、訓練も行っています

「アムールトラ」。那須どうぶつ王国にはこのほか、「ホッキョクオオカミ」や「ジャガー」などの猛獣が飼育されています

動物によりますが、暴れる原因がわかればそれを取り除きます

動物たちは私たち人間と同じように感情をもっています。家でイヌやネコなどのペットを飼かわれている方なら、このことはよくご存じですよね。喜んだり、怒ったり、ビックリしたりと、さまざまな感情を見せてくれます。喜んでなめてくれることも、怒って咬んでくることも、ビックリして暴れだすことも、ときにはあるでしょう。小さなイヌやネコですら、咬んだり、暴れたりすると、落ち着かせるのが大変です。それが大型の動物ならなおさらです。

飼育施設の上は折り返しとなっているため、猛獣が暴れて飛びだすことは絶対にできません

「アムールトラ」の飼育施設。猛獣たちの施設の設計には基準があって、これを満たすように作られています

もっとも動物園では、大型の肉食動物は厳しい基準を満たした専用の施設の中で飼育されていますから、たとえ暴れだしたとしても落ち着くまで見守るだけです。一応、万が一の事態が起きたときに備え、スタッフがいる施設には緊急時の「コールナンバー」が書かれています。とはいえ決められた運用ルールを守って飼育しているかぎり、このコールナンバーが使われることはないでしょう。

「ホースコーナー」のエサやり体験で、来園者がエサをさしだしてくれるのを待つウマたち。ウマの体勢から、待ち切れない態度が見てとれます

Zooming

ウマは性格がやさしくておとなしい動物で、この顔からもそれがよくうかがえます。とはいえ臆病で神経質な面もあるため、ビックリしたりすると暴れることもあります

では、屋外で飼育されている大型の草食動物の場合はどうでしょう？ 「ホースコーナー」で飼育されているウマは、大きな工事の音が響いたり、人が突然でてきたときなどにビックリして暴れることもあるそうです。こうしたときはまず、飼育係の身の安全の確保を最優先させます。巻き込まれてしまうと大ケガにつながることがあるからです。

「カンガルーファーム」で会える「ハイイロカンガルー（オオカンガルー）」

Zooming

ハイイロカンガルーが大きな音に反応して突然走りだしてしまわないよう、施設内に入って観察するときは大きな声をださないよう注意して、静かに観察しましょう

ウマが暴れるのには原因がかならずあります。その原因を排除することがなにより大事です。人が突然でてきた場合は、逆にウマにその人を紹介しながら「大丈夫、大丈夫」と声がけすることもあるとか。飼育係の経験が活きるシーンですね。

野生下では、草食動物たちは常に肉食動物から命を狙われています。このため臆病で神経質なところがあり、ビックリして暴れだしたり、走りだしたりするのは仕方のないことです。動物園ではこうした点を理解したうえで、動物たちが万が一にも暴れることのないよう、マナーを守って観察やエサやりをしてくださいね。

飼育の疑問にズーミング！ No.8

世話の最中に攻撃されることはないの？

左が毛刈りする前、右が毛刈りしたあとのアルパカの様子。毛を刈られると本当にスリムになります

ツバを吐きかけられたり、足蹴りされたり、突進されたりと、いろいろ苦労はあります

イヌやネコを飼っている家では、家族の誰かが歯磨きや爪切り、シャンプーなどをすることがありますよね。一人だと大変なので、お手伝いしたことがある方も多いことでしょう。トリミングもペットサロンや動物病院などに頼まず、自分たちでする家もあると思います。そのときのペットの表情や態度、覚えていますか？　どんなに長く家族の一員として過ごしていても、イヤがり、逃げたがりますよね。動物たちは、歯磨きや爪切り、シャンプー、トリミングなどが必要な理由を知りません。もちろん信頼関係が築けていれば、それが自分のためだということはなんとなく察してくれているでしょう。それでもやはり、イヤがり、逃げたがります。これは仕方がないことです。

Zooming

アルパカが飼育されている「アルパカの丘」。よく見ると「ツバをはくことがあります」の注意書きが……

アルパカは見えないところを触られるのがイヤなので、触り方のマナーはきちんと守るようにしてくださいね

動物園でもこれは同じです。飼育係は動物たちが少しでも快適に過ごせるよう、毎日、世話をしています。那須どうぶつ王国の「アルパカの丘」には、ふわふわした毛が人気のアルパカたちがいますが、夏は毛刈りをしなければいけません。防寒性能の高いアルパカの毛は寒い冬にはありがたいのですが、そのぶん、夏は暑すぎてしまうのです。このため飼育係は、アルパカの毛刈りを行います。しかしその理由を知らないアルパカはイヤがって逃げようとするし、その作業をした飼育係を嫌ってしまうこともあるとか。飼育係からしたら、わかっていてもちょっと悲しいですよね、たぶん。

「ヒツジファーム」でのエサやり体験の様子

Zooming

アルパカの全身と顔のアップ。なんとも
いえない愛嬌のある顔をしていますね

アルパカにかぎったことではありませんが、野生動物はイヤな思いをするとなんらかの攻撃にでてしまうこともあります。アルパカではツバを吐いたり、ときに足蹴りしてきたりもしますが、個体差もあり、かならずというわけではありません。とはいえ足蹴りはかなりの速さなので、当たりどころが悪かったりすると大ケガにつながることもあるようですが……。

ヒツジは100kg近くになる個体もいます。足は速くありませんが、大きな体格の男性と同じ体重の動物が突進してきたら、それはとても恐いこと。世話をする飼育係も大変なのです

Zooming

ヒツジたちも喜んで来園者に寄ってきて、エサをねだってきます。結構、グイグイくるのに驚かされることも……

動物は人間と違い、自分の体格や体重を正確に把握して行動するわけではないので、飼育係が痛い思いをすることがあるのは、ある意味、仕方がないことかもしれません。とにかく飼育係が大ケガをしないことだけを祈りましょう。

飼育の疑問にズーミング！ No.9

動物たちがしたウンチはどうするの？

金沢動物園が開園されたときから飼育され続けている2頭の「インドゾウ」。手前がオスの「ボン」で、奥がメスの「ヨーコ」です。やはりゾウは迫力がありますね

ウンチを堆肥にして、植物を育てるのに使ったりもします

その昔、人間のウンチを農作物の肥料として使っていたことがありました。海外ではいまでも肥料として使う国がありますし、ウシのウンチ（牛ふん）や鶏のウンチ（鶏ふん）などは日本でもあたり前のように使われます。動物がだすウンチやオシッコを使って作る堆肥は、土を良くし、農作物や植物の成長をうながしてくれるからです。

このため動物園でも、動物がしたウンチの一部を堆肥にして再利用するという試みがなされています。ここでは神奈川県にある横浜市立金沢動物園での取り組みを紹介しましょう。使われるウンチは、子供たちに大人気の動物、ゾウのウンチです。

金沢動物園で管理している竹林からもってこられた新鮮な竹の葉などを食べ、毎日いいウンチをだしています（写真：金沢動物園）

Zooming

ゾウたちの寝室は裏からのぞくこともできます。こうしたちょっとした工夫がうれしいですね

これがゾウたちの寝室。手前にあるのは水飲み場で、ほかには自動のエサやり機もあります

Zooming

おが粉がしかれた寝室に転がるウンチたち。ゾウは1日8回ぐらいウンチをします

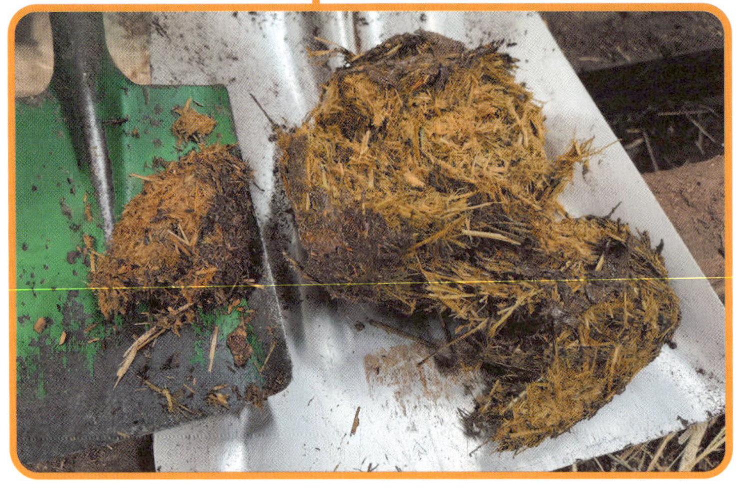

右がメスの「ヨーコ」のウンチで、左がオスの「ボン」のウンチ。ヨーコはよく噛まずに食べてしまうため、牧草があまり消化されていません。"よく噛む"はやはり大事ですね

草食動物であるゾウは、1日に200〜300kgの牧草や木の枝、果物などを食べます。このためウンチの量も1日に100kgぐらいになるとか。ゾウが展示場にでたあと、ウンチをわらゴミとともに片づけるのが飼育係の重要な仕事の1つとなります。

ゾウはキレイ好きな動物でもあるので、寝室の中でもウンチをした場所を覚えていて、それを避けるように動きます。なのでウンチの多くは形を保ったままです。床にはおが粉（木材の粉）がしいてあって、ウンチのまわりの汚れたおが粉や牧草とともに、コンテナに入れていきます。このコンテナをパッカー車（ごみ収集車）で堆肥場まで運んでもらい、そこで堆肥にするのです。

堆肥用に回収する日とそうではない日があって、前者の場合は堆肥作りのじゃまになる枝葉や長いままの牧草を外してコンテナに入れていきます

Zooming

600リットル入るコンテナに入れられたゾウのウンチ。ゾウがお腹を壊すことは10年に1回あるかないかぐらいで、コンテナに入れるのに苦労することはほぼないのだとか

金沢動物園内にある堆肥場

ピットに置かれた2カ月目のウンチ。発酵による堆肥化が進んでいるためかなりの熱をもちます。最高で70℃くらいになるそうです

毎月1回、左奥のピットに運ばれてきたゾウのウンチは、週に一度攪拌して発酵をうながします。この作業はスキッドステアローダーという小型の重機で行います（写真：金沢動物園）

堆肥場には月1回、4日分ぐらいのゾウのウンチが届きます。ここで一週間に1回、重機で攪拌して発酵をうながします。発酵することで、良い堆肥となるのです。

堆肥場にはピットと呼ばれる置き場所が4カ所あって、翌月に新しいウンチが届くと、堆肥化が進行中のウンチは隣のピットに移されます。これを繰り返して4カ月経つと、堆肥としてほぼ使える状態になるそうです。ここまできたらまた場所を移して、最後に乾燥させます。ここまで5～6カ月ぐらい。ゾウのウンチが見事、堆肥に生まれ変わりました。

左が乾燥中の堆肥で、右が使える状態になった堆肥です

Zooming

金沢動物園では菜の花などにこの堆肥を使っています。春に菜の花がたくさん咲いているのには、堆肥の働きがあるのです（写真：金沢動物園）

金沢動物園では2007（平成19）年からこの取り組みを始めたそうです。またゾウのために竹を切って与えることは、竹林や在来の植物の保全にも役立っているのだとか。周辺の自然環境を活かし、ゾウに喜んでもらい、そのゾウがだしたウンチを植物を育てるために役立てる、こうしたすばらしい取り組みがもっと広がってくれるといいですね。

第3章

恋愛・子育ての疑問にズーミング！

92ページ

No.4　どうしてほかの動物園に行っちゃうの？

80ページ

No.1　動物たちは自由に赤ちゃんを作れるの？

88ページ No.3 野生動物の赤ちゃんを飼育係が育てることはあるの？

84ページ No.2 希少動物を繁殖させるのって難しいの？

恋愛・子育ての疑問にズーミング！ No.1

動物たちは自由に赤ちゃんを作れるの？

2024年5月16日に誕生した、ホッキョクオオカミの2頭の赤ちゃん。希少な種であるホッキョクオオカミの赤ちゃんの繁殖は日本の動物園では初めてで、大きなニュースとなりました。5月26日撮影

希少動物は血統をふまえ、パートナーを探し、新たな命につなげます

動物園で赤ちゃんが生まれ、公式ブログやX（旧ツイッター）などで報告があると、すぐにでも見に行きたくなりますよね。赤ちゃんの体調や成長ぐあいによって、一般公開される日は変わります。でも、待ちきれませんよね！　赤ちゃんはかわいいですから！

ところで動物園の動物たちは自由に赤ちゃんを作れるのでしょうか？

Zooming

誕生から1カ月後、親といっしょに歩く2頭の子供たち。少しずつホッキョクオオカミの風格がでてきました。6月19日撮影

Zooming

2カ月後に撮影された子供たちの姿。すっかり大きくなりましたね。7月2日撮影

自由に赤ちゃんを作れるかどうかは、動物によって話が変わってきます。その動物が希少動物と呼ばれる絶滅の恐れがある種であれば、動物園や水族館などが連携して守っていかなければいけません。そのためにおもな動物園や水族館が所属している「日本動物園水族館協会」では、希少動物を11の群に分け、保護が必要な動物を約150種選んで動物の戸籍簿を作っています。この戸籍簿を「血統登録」と呼び、この血統登録をふまえて種ごとに「繁殖計画」を作ります。動物園ではこの血統登録と繁殖計画にしたがってよりよいパートナーを探し、ペアを作り、新な命を誕生させていくのです。

「アザリー」と「シンラ」の間に産まれたオスとメスの赤ちゃん。産まれてから10日目の写真で、寄り添う姿がまたかわいいですね。5月29日撮影

2024年5月16日、那須どうぶつ王国では新しい命が誕生しました。希少な種である「ホッキョクオオカミ」の繁殖に、日本の動物園では初めて成功させたのです。那須どうぶつ王国がホッキョクオオカミの繁殖をスタートさせたのは2020年のこと。最初にドイツの動物園で生まれたオスの「アザリー」とその妹の「サンナ」がやってきて、次にもう1頭のメス「シンラ」がやってきました。ただ当時は新型コロナウイルスが世界的に拡大していた時期で、ドイツからの搬入も遅れ、初お披露目も予定より少し延びました。その間の飼育係の苦労は並大抵のものではなかったはずです。しかしその後、繁殖を目指しているアザリーとシンラのペアの元気な姿を展示場で見ることが多くなり、その苦労が2024年5月に2頭の赤ちゃん誕生となって実を結びました。

Zooming

Zooming

2週間以上経ち、赤ちゃんとはいえないまでに大きくなりました。6月2日撮影

20日以上経ち、体もすっかり大きくなり、風格もでてきました。ホッキョクオオカミの成長は早いですね。6月8日撮影

かつては日本にも生息していたオオカミですが、北海道に分布していた「エゾオオカミ」や、日本列島に生息していた「ニホンオオカミ」は絶滅してしまいました。しかし那須どうぶつ王国での繁殖の成功、また秋田県の秋田市大森山動物園でも2022年以降、ホッキョクオオカミの飼育に取り組んでいます。那須どうぶつ王国同様、こちらでもオオカミの赤ちゃんの誕生が待たれます。こうした新しく生まれた命を見ながら絶滅してしまった動物たちを想い、今生存している動物たちとの共生について考えてみてくださいね。

恋愛・子育ての疑問にズーミング！ No.2

希少動物を繁殖させるのって難しいの？

那須どうぶつ王国の野生復帰順化施設で飼育されているライチョウの様子。施設内は屋内（左）と屋外（上）に分けられ、自然に近い環境が再現されています

繁殖を成功させるには、経験の蓄積、動物園同士の協力、専用の施設などが必要です

「繁殖」とは 動物や植物の子孫を増やすことです。イヌやネコなどのペットや、ウマやブタなどの家畜は、私たち人間とのつきあいが長く、繁殖や子育て、病気の治療などにも関わってきたので、それなりの経験・データがあります。ところが野生動物については生態もわかっていないものが多く、繁殖についても経験が足りないといわざるをえない状況です。

ライチョウの域外保全

上野動物園（スバールバルライチョウ）

2008年　飼育＆繁殖スタート
⇒成功を受け、ほかの動物園でも取り組みを開始

那須どうぶつ王国（ニホンライチョウ）

2017年6月　上野動物園から受精卵を受け入れ
2017年7月　メスのヒナ、誕生
2019年3月　国内５施設でニホンライチョウを公開展示開始
2020年7月　自然繁殖に成功
2021年5月　ライチョウ野生復帰順化施設が完成
2021年8月　中央アルプスから野生の親鳥のメスとヒナ 6羽を受け入れ
ライチョウ野生復帰順化施設で飼育＆繁殖を開始
2022年7月　繁殖に成功
2022年8月　親鳥のメス３羽とヒナ 16羽を中央アルプスに移送し、放鳥
⇒野生復帰

「絶滅のおそれのある野生動物」を生息地から安全な場所に移動させ、繁殖させる「生息域外保全」に、環境省と共同で日本の動物園水族館協会加盟の園館が2008年から取り組んでいて、地道な努力の結果、成功例も着実に増えています。これを「ライチョウ」の例で見てみましょう。

上の年表は、2008年に上野動物園で外国産のライチョウを飼育し始めてから、ライチョウの飼育と繁殖の経験をため、2022年に念願のライチョウを野生に戻すことに成功するまでの経緯をまとめたものです。ライチョウは高山帯に生息する鳥で、生息地の中に繁殖用の施設を作るのは現実的ではありません。そこで生息域外の施設に移して繁殖を試みました。これを「域外保全」といいます。この施設の中で育てた個体をふたたび生息地に戻し、個体数を回復させるのです。この取り組みを「野生復帰」といいます。

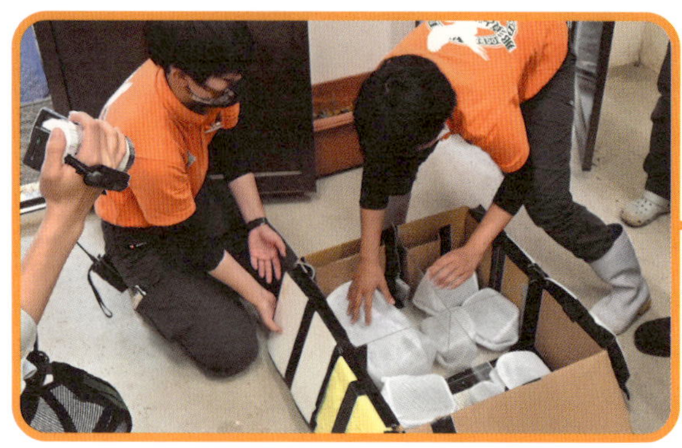

移送時にライチョウたちが傷つかないよう、1羽1羽、ネットでくるまれ、箱の中もプラスチックで区切られています

Zooming

野生復帰順化施設で育ったライチョウたちは、2022年8月、野生復帰のため移送されました。写真はそのときの様子です

移送されたのはメスの親鳥3羽と、そのヒナ16羽の計19羽です。中央アルプス・駒ケ岳までヘリコプターで運ばれていきました

2008年に上野動物園で飼育を始めたライチョウは、外国で狩猟の対象になるくらい数が多い「スバールバルライチョウ」という亜種でした。この亜種はすでに繁殖技術が確立していたことから、ライチョウの前にこのスバールバルライチョウを使って上野動物園で繁殖を試み、それが成功したため、ほかの動物園でも次々に飼育と繁殖の試みを始めました。その1つが那須どうぶつ王国です。

ライチョウの成長を見守り続けた
佐藤哲也園長

中央アルプス・駒ケ岳に到着後、ライチョウたちは3日間かけて放鳥され、野生の中に帰っていきました。繁殖に関わった複数の動物園、多くのスタッフの努力によって、見事、野生復帰をかなえたのです

当時、那須どうぶつ王国では、希少動物の保全に尽力していた佐藤哲也園長が中心となり、スバールバルライチョウで経験を積んでいきました。そして2021年5月には「ライチョウ野生復帰順化施設」が完成し、8月には中央アルプスから野生のライチョウを迎え入れ、見事、繁殖に成功。その後、中央アルプス・駒ケ岳に移送し、野生に放ち、野生復帰させたのです。

野生復帰させたのは佐藤哲也園長をはじめとするスタッフの尽力によるものですが、施設の建築資金はクラウドファンディングによって調達したものです。来園者をはじめ多くの支援者の応援があってこその野生復帰だったともいえます。佐藤哲也園長は残念なことに2024年3月に亡くなられましたが、その想いは今も、ライチョウをはじめとする希少動物たちの保全活動の中に生きているのです。

恋愛・子育ての疑問にズーミング！ No.3

野生動物の赤ちゃんを飼育係が育てることはあるの？

お母さん「マロロ」の胸にしがみついている「ふく」。木と一体となってしがみつき、じっとしていることが多いので、注意深く観察して見つけてくださいね

赤ちゃんを取り巻く状況から、人の手で育てることがあります

2024年5月、那須どうぶつ王国の「熱帯の森」では「フタユビナマケモノ」のお母さんが1月に生んだばかりの赤ちゃんをお腹に抱え、子育てをしていました。少し離れた「王国ファーム」では、世界一かわいいヒツジと言われる「ヴァレーブラックノーズシープ」の赤ちゃんがお母さんに寄り添いながら草を食べていました。こうしためずらしい動物たちの赤ちゃんを間近で見ることができるのも、動物園ならではの楽しみの1つです。

お母さんの側で草を食べるヴァレーブラックノーズシープの赤ちゃん。なおヴァレーブラックノーズシープは成長が早いので、こうしたかわいいシーンを見られるのは短い期間しかないとのこと。ちょっとだけ残念ではありますね

では、野生動物の赤ちゃんの子育てに飼育係はどこまで関わるのでしょうか？　赤ちゃんが生まれたら、その子の性別を調べ、定期的に体重を計り、健康状態に問題がないかを飼育係や獣医などがチェックし、見守っていくのはどこの動物園も同じです。そのあとは赤ちゃんを取り巻く状況に応じて変わります。親が子育てをやめてしまった場合、健康状態に不安があったりした場合などでは、飼育係が親に代わって子育てをすることもあるのです。

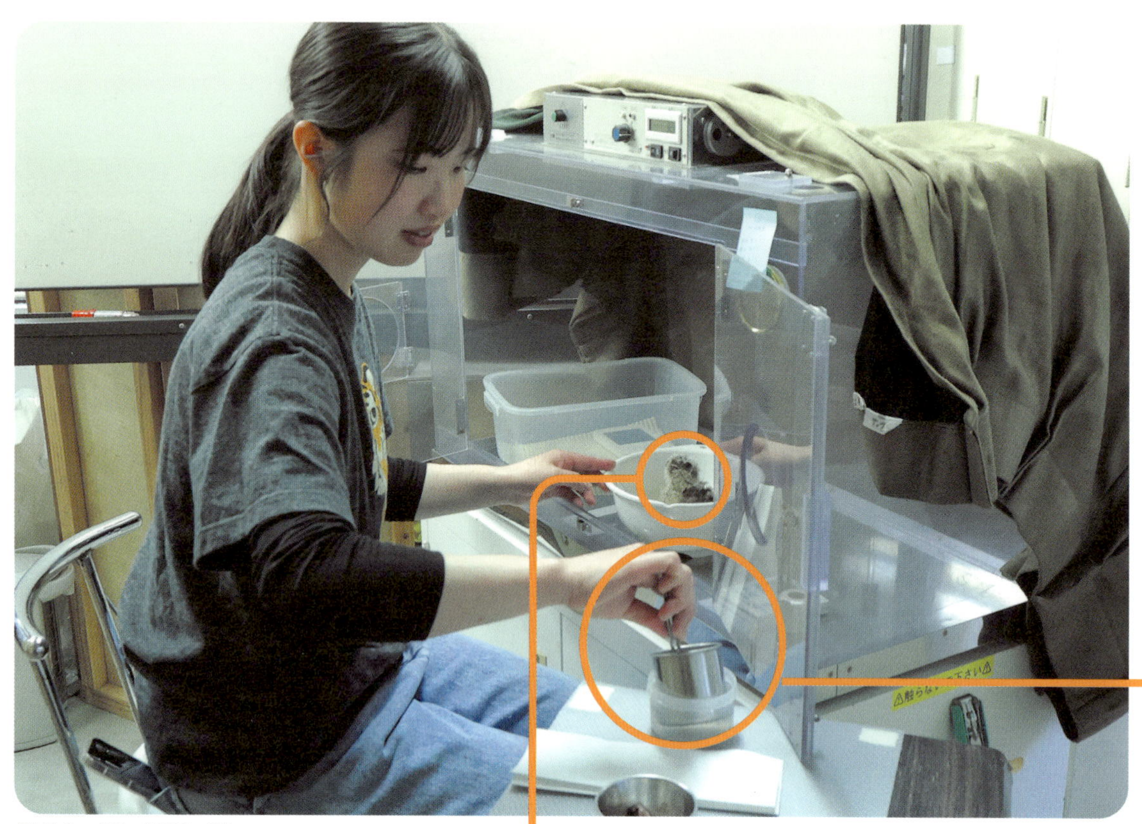

保育器の中で大切に育てられている「オーストラリアガマグチヨタカ」のヒナ。エサがもらえるのを今か今かと待ちかまえています

Zooming

このヒナは自力でのふ化が難しいと判断されたことで介助ふ化となり、人工育雛に切り替えられました。人工育雛とは、卵からかえったヒナを人が育てることをいいます

2024年5月、那須どうぶつ王国のある施設では、飼育係による「オーストラリアガマグチヨタカ」のヒナの子育てが行われていました。オーストラリアガマグチヨタカは日本にも生息する準絶滅危惧種「ヨタカ」の仲間で、自力でのふ化が難しいと判断されたことで人の手による介助ふ化となり、人工育雛に切り替えたのだとか。動物園では種の保存のために、状況を的確に判断し、対応することが求められます。

ピンセットを使って与えられるエサに食らいついていきます

Zooming

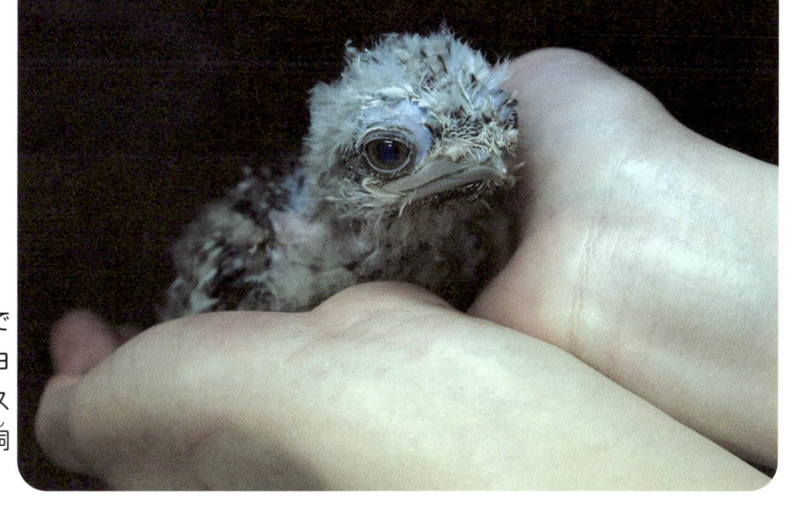

お腹いっぱいになって飼育係の手で落ち着くオーストラリアガマグチヨタカのヒナ。いっぱい食べて、スクスク育ってくれるのが育ててくれる飼育係へのいちばんの恩返しですね

５月10日にふ化したばかりのヒナは、保育室の中で大切に育てられていました。ヒナはお腹がすいていたようで、ピンセットを使って与えられるエサをパクパクと食べていきます。どのくらいの期間、保育器の中で育てられるかは、以前のデータを参考にしつつ、ヒナの成長と健康状態を見ながら決めていくとのことでした。

このときはヒナは１羽だけでしたが、繁殖シーズンになると、複数のヒナの子育てをしなくてはならないこともあるようです。子育ては施設のチームで対応します。こうして大切に育てられた赤ちゃんが大きくなると、来園者の前に姿を現してくれます。那須どうぶつ王国を訪れることがあったら、そのときはぜひ大きくなったオーストラリアガマグチヨタカの姿を見に行ってくださいね。

恋愛・子育ての疑問にズーミング！ No.4

どうしてほかの動物園に行っちゃうの？

2018年7月にポーランドの動物園で生まれ、2020年5月に那須どうぶつ王国に移ってきた「ユーラシアカワウソ」のオスのリヴは、国内での繁殖を目指し、2024年4月によこはま動物園に移っていきました

動物園・水族館などが協力して希少動物の種を繁殖させるためです

　ご家族の仕事の都合で転校したり、クラスに新しい転校生が入ってきたりと、さまざまな事情で慣れ親しんだ環境から違う環境へ移ることは、私たちにもよくあります。動物たちも同じです。特に絶滅が危惧される希少動物では、その種の血統をふまえ、よりより繁殖を目指すために動物園を移ることはめずらしくありません。

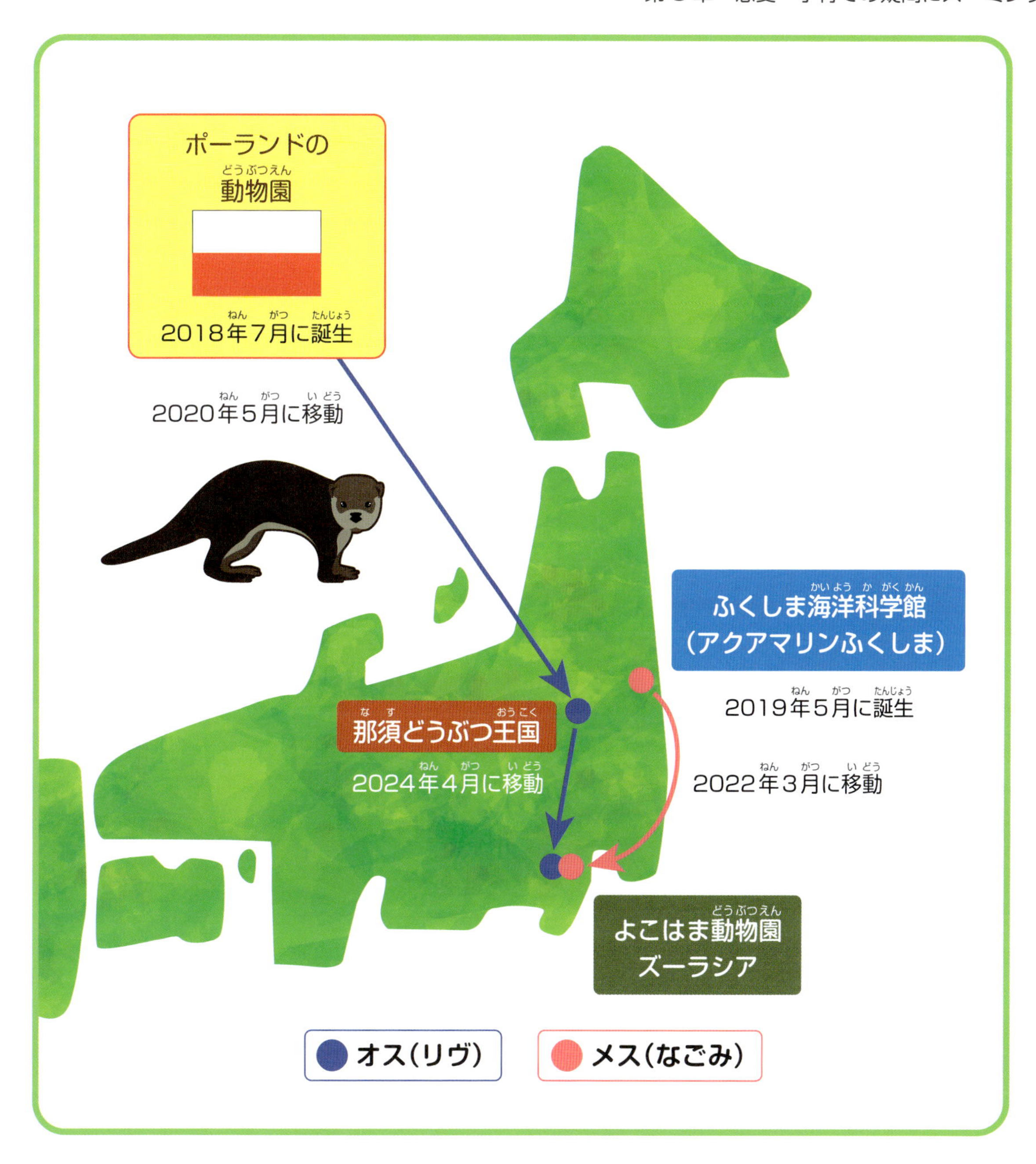

どの動物を、どこの動物園に移して繁殖させるかは、日本動物園水族館協会生物多様性委員会が決めます。たとえば2024年４月には、那須どうぶつ王国から「ユーラシアカワウソ」のオスが委員会からの指示で、神奈川県横浜市にある「よこはま動物園ズーラシア」に移りました。

ユーラシアカワウソはその名のとおり、ユーラシア大陸全土に生息するカワウソの仲間です。ところが毛皮を狙った乱獲と、生息する川の汚染などにより、数が減っています。絶滅危惧種の１つ手前の「準絶滅危惧種」だとはいえ、貴重な種であることに変わりありません。このため日本の動物園や水族館などが協力してペアを作り、繁殖に取り組んでいるのです。

移動

那須どうぶつ王国の飼育施設ですくすく育ち、人気者になったリヴ

よこはま動物園ズーラシアではリヴの展示と同時に案内も更新されました。2頭の経歴もよくわかりますね

2024年1月の時点で、国内では5カ所で、合計9頭の飼育が行われていました。ただ、よこはま動物園ズーラシアにはメスが1頭しかいなかったため、繁殖に取り組むためには、血統をふまえて最適なオスを移す必要がありました。これに選ばれたのが、那須どうぶつ王国で「リヴ」の名で親しまれていたこのオスだったのです。

会社に勤めるようになり、優秀な人材と判断されると、経験を積まされるために勤める場所が変わることがあります。ひんぱんに転校をしているお友だちがいたら、親御さんがきわめて優秀な人材と判断されたのかもしれません。

よこはま動物園ズーラシアでくつろいだ姿を見せてくれるリヴ（写真：よこはま動物園ズーラシア）

Zooming

左がメスのなごみ。X で公開されている、なごみとリヴが仲良くたわむれながら泳ぐ姿は、誰もがほほをゆるませてしまうはず。ぜひよこはま動物園ズーラシアを訪れて、直接観察してくださいね（写真：よこはま動物園ズーラシア）

動物も実は同じで、繁殖能力の高い優秀なオスで、血統的な問題がないと、動物園を何度も移ることがあるのだとか。移るたびに環境が変わるので、そのオスにとっては大変かもしれませんが、2024年5月、よこはま動物園ズーラシアの展示場のプールの中で、リヴが１頭だけいたメスの「なごみ」と仲良くたわむれる姿が X（旧ツイッター）で公開されました。このまま貴重な種をつなぐ、かわいい赤ちゃんが生まれてくれるといいですね。

【監修】

小宮　輝之

1947年、東京都生まれ。1972年、多摩動物公園の飼育係に就職。同園と上野動物園の飼育課長を経て、2004年から2011年まで上野動物園園長を務める。2022年から（公財）日本鳥類保護連盟会長。『動物園ではたらく』（イースト・プレス）、『Zooっとたのしー！ 動物園』（文一総合出版）、『もっと知りたい動物園と水族館』（メディア・パル）、『くらべてわかる哺乳類』（山と渓谷社）、『人と動物の日本史図鑑』（少年写真新聞社）など、著書・監修本多数。

【編集協力】

間曽　さちこ（zoo & aquarium lovers）

【写真】

市原　達也

【イラスト協力】

箭内　祐士

ズーミング！動物園

発行日　2024年　8月31日　　第1版第1刷

監　修　小宮　輝之
協　力　那須どうぶつ王国

発行者　斉藤　和邦
発行所　株式会社　秀和システム
〒135-0016
東京都江東区東陽2-4-2　新宮ビル2F
Tel 03-6264-3105（販売）Fax 03-6264-3094
印刷所　株式会社シナノ　　Printed in Japan

ISBN978-4-7980-7301-9 C0045